BEI GRIN MACHT SICH IHR WISSEN BEZAHLT

- Wir veröffentlichen Ihre Hausarbeit, Bachelor- und Masterarbeit

- Ihr eigenes eBook und Buch - weltweit in allen wichtigen Shops

- Verdienen Sie an jedem Verkauf

Jetzt bei www.GRIN.com hochladen und kostenlos publizieren

Bibliografische Information der Deutschen Nationalbibliothek:

Die Deutsche Bibliothek verzeichnet diese Publikation in der Deutschen National-
bibliografie; detaillierte bibliografische Daten sind im Internet über http://dnb.d-
nb.de/ abrufbar.

Impressum:

Copyright © 2008 GRIN Verlag, Open Publishing GmbH
Druck und Bindung: Books on Demand GmbH, Norderstedt Germany
ISBN: 9783656749844

Dieses Buch bei GRIN:

http://www.grin.com/de/e-book/210830/die-emschergenossenschaft-und-das-foer-
derprogramm-die-route-des-regenwassers

Konstantinos Theodorou

Die Emschergenossenschaft und das Förderprogramm „Die Route des Regenwassers"

GRIN Verlag

Geographisches Institut

Ruhr-Universität Bochum

Seminar des Wahlmoduls:

„Umgang von Kommunen mit natürlichen Ressourcen mit besonderer Berücksichtigung von Boden und Regenwasser"

Die Emschergenossenschaft und das Förderprogramm „Die Route des Regenwassers"

Konstantinos Theodorou

Inhaltsverzeichnis

1 Einleitung

Die vorliegende Hausarbeit des Wahlmoduls „Umgang von Kommunen mit natürlichen Ressourcen mit besonderer Berücksichtigung von Boden und Regenwasser" hat die Emschergenossenschaft und das Förderprogramm „Die Route des Regenwassers" zum Thema. Die Emschergenossenschaft kümmert sich in erster Linie um die Emscher und ihre Nebenläufe. Einen erheblichen Einfluss auf den Wasserstand sowie auf die anfallenden Kosten für die Reinigung hat die in die Kanalisation eingeleitete Niederschlagsmenge. Im Einzugsgebiet der Emscher ist der Versieglungsgrad, vor allem aufgrund der Verkehrs- und Gewerbeflächen, streckenweise sehr hoch. Aus diesem Grund hat die Emschergenossenschaft eine Reihe von Programmen und Förderungen realisiert, die die der Abkopplung des Regenwassers von der Kanalisation sowie eine naturnahe Bewirtschaftung desselbigen ermöglichen soll. Ein sehr umfassendes Programm ist „die Route des Regenwasser" die hier anhand einiger Eckdaten und dreier Beispielprojekte vorgestellt wird. Ferner werden die Aufgaben der Emschergenossenschaft beleuchtet, sowie auf allgemeine Konzepte hinsichtlich der Bewirtschaftung von Regenwasser eingegangen.

2 Die Emschergenossenschaft

Die Emschergenossenschaft ist ein Wasserwirtschaftsunternehmen für das Einzugsgebiet der Emscher und ihrer Nebenläufe. Zusammen mit dem Lippeverband bildet sie eine Verwaltungsgemeinschaft und ist somit der größte Abwasserentsorger Deutschlands. Dabei handelt es um eine Körperschaft des öffentlichen Rechts, d.h. die Emschergenossenschaft ist ein Non-Profit Unternehmen, welches von seinen Mitgliedern kontrolliert wird. Die Kunden, also Kommunen, Industrie und Gewerbe sind gleichzeitig auch die Mitglieder, welche Delegierte in die Genossenschaftsversammlung entsendet, die wiederum den Genossenschaftsrat wählt, der seinerseits den Vorstand wählt. Die Finanzierung erfolgt in erster Linie aus den Beiträgen der Mitglieder, die sich aus Menge und Beschaffenheit der abgeleiteten Abwasser- und Niederschlagsmenge ergeben. Als Verursacher tragen die Bergbauunternehmen die Kosten für die Entwässerungspumpen sowie für Wiederherstellungsarbeiten an den Gewässern. Das Einzugsgebiet der Emscher, welches gleichzeitig den Verantwortungsbereich der Genossenschaft darstellt, besitzt eine Fläche von 865 km² und ist in Abb. 1 zu sehen.

<u>Abb. 1: Das Einzugsgebiet der Emscher</u>

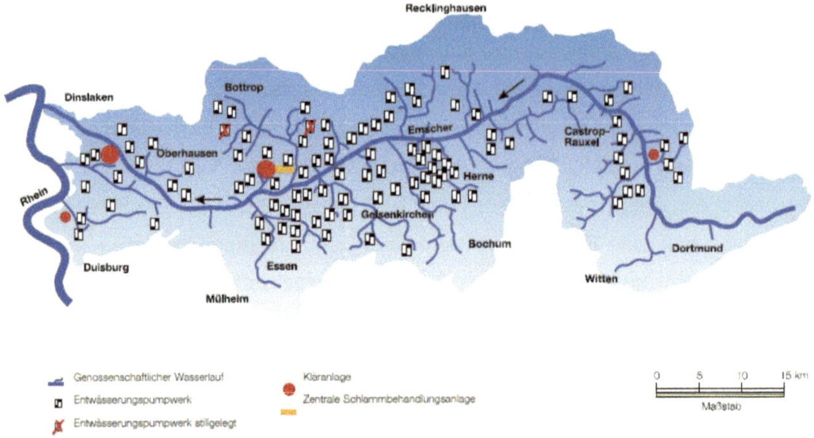

Quelle: Emschergenossenschaft 2006

Zusätzlich zu den Flussverläufen sind auch die zahlreichen von der Emschergenossenschaft betriebenen Pumpwerke sowie die Kläranlagen abgebildet. In diesem Gebiet leben etwa 2,3 Mio. Einwohner. Die Wasserläufe haben insgesamt eine Läge von 335 km, davon sind 290 km Schmutzwasserläufe. Die Länge der Abwasserkanäle beläuft sich auf 182 km (Emschergenossenschaft 2008).

2.1 Historie

Die Emschergenossenschaft wurde am 14.12.1899 durch Städte, Gemeinden, Industrie und Bergbau in Bochum gegründet um die Entwässerungsnotstände und der damit einhergehenden Seuchengefahr, z.B. durch Typhus und Cholera, in der Emscherregion zu begegnen. Durch den Steinkohlebergbau entstanden Bodensenkungen, die das Problem des Hochwassers und der Überschwemmungen, die ohnehin durch das flache Flussbett der Emscher schon gegeben waren, noch verstärkten. Da die Industrie und die wachsende Bevölkerung ihre gesamten Abwässer in die Emscher leiteten, sollten schleunigst Abwasserkanäle errichtet werden. Eine unterirdische Ableitung konnte aufgrund der Bodensenkungen nicht realisiert werden, sodass die Fließgewässer zu offenen Abwasserkanäle umgebaut wurden. Dazu wurde die Emscher ab 1906 begradigt, vertieft, eingedeicht und der Lauf von 109 km auf 81 km verkürzt, um so ein höheres Gefälle zu erreichen. Darüber hinaus wurden Pumpwerke errichtet, damit die betroffenen Gebiete sicher entwässert werden konnten. Das Wasser der Emscher und ihrer Zuläufe fließt durch Sohlschalen aus Beton, die von hohen Deichen umgeben sind (siehe Abb. 2).

<u>Abb. 2: Die Emscher in Castrop-Rauxel</u>

Quelle: Kreisverwaltung Recklinghausen

Um die Schadstoffeinträge in den Rhein zu verringern, wurde das Abwasser zunächst durch kleine mechanische Kläranlangen und ab 1965 durch biologische Großklärwerke gereinigt (Emschergenossenschaft 2008).

2.2 Aufgaben

Die wichtigsten Aufgaben der Emschergenossenschaft sind die Reinigung von Abwasser mit Hilfe der vier biologischen Klärwerken (Duisburg Alte Emscher, Emschermündung, Bottrop und Dortmund Deusen), die Regelung des Wasserabflusses und Ausgleich der Wasserführung sowie der Hochwasserschutz, der durch Deiche, Pumpwerke und Rückhaltebecken gewährleistet werden soll. Eine Schwierigkeit dabei besteht aufgrund des hohen Versiegelungsgrades: Bei Starkregenereignissen ist der Abfluss der Emscher und ihren Nebenläufen so hoch, dass Regenüberläufe und Stauräume bereits im unterirdischen Kanalsystem notwendig sind. Die Pumpwerke entwässern eine Fläche von fast 40 Prozent der Region, die aufgrund der Bergbaubedingten Bodensenkungen sonst überflutet wäre. Darüber hinaus müssen die Gewässer und Kanäle unterhalten und gepflegt werden. Auch die Regelung des Grundwasserstandes fällt in den Zuständigkeitsbereich der Emschergenossenschaft. Im Zuge der Nordwanderung des Bergbaus im Ruhrgebiet sind die Bodensenkungen abgeklungen, sodass in der 80er Jahren mit der Planung und ersten Umsetzung eines unterirdischen Abwassersystems begonnen wurde. Bis zum Jahr 2017 soll dieser etwa 4,5 Mrd. Euro teure Umbau des Emscher-Systems abgeschlossen sein. Die offenen Abwasserkanäle sollen kein Schmutzwasser mehr führen und werden nach und nach von der Betonschale befreit und renaturiert (Emschergenossenschaft 2008).

2.3 Projekte

Neben den eigentlichen Aufgaben stellt die Emschergenossenschaft auch regelmäßig Fördergelder für bestimmte Projekte zur Verfügung, um Beispiele und Machbarkeiten für die Planung aufzuzeigen. Gerade die Regenwasserbewirtschaftung stellt dabei einen wichtigen Aspekt dar. So wurde 1994 das Förderprogramm „Ökologisch ausgerichteter Umgang mit Regenwasser in Siedlungsgebieten" ins Leben gerufen, dass die Abkopplung befestigter Flächen von der Kanalisation zum Inhalt hatte. Mit einem Fördervolumen von 4,6 Mio. Euro wurden ca. 50 Projekte realisiert, welche die Möglichkeiten der unterschiedlichen Versickerungstechniken und – arten aufzeigen sollten. Auch das Land Nordrhein-Westfalen ist 1996 mit der Initiative „Ökologische und nachhaltige Wasserwirtschaft NRW" aktiv geworden. Darin geht es vor allem Abwasservermeidung, Abwasserbehandlung und Abwasserableitung. Aus einer Kooperation von Land und Emschergenossenschaft ist im Anschluss die Route des Regenwassers hervorgegangen, auf die ich unter Punkt 4 noch näher eingehe. Das im Jahr 2001 gestartete Folgeprogramm zur Unterstützung von Abkopplungsprojekten trägt aufgrund der positiven Assoziationen ebenfalls den Namen „die Route des Regenwassers". Die 5,1 Mio. Euro Fördermittel werden dabei vorrangig für große, wasserwirtschaftlich relevante Maßnahmen verwendet (Stemplewski & Raasch 2002). Im Zuge der „Zukunftsvereinbarung Regenwasser" (vgl. Punkt 3) gibt es ebenfalls eine Vielzahl von Projekten. Aber auch im Flussgebietsmanagement ist die Emschergenossenschaft durch den Umbau des Emschersystems engagiert. Gemäß der EU-Wasserrahmenrichtlinie, welche die einzugsgebietbezogene, nachhaltige Bewirtschaftung eines Flussgebiets vorsieht, soll hier an allen Einflussgrößen angesetzt werden, um die angestrebten Ziele zu erreichen (Emschergenossenschaft).

3 Regenwasserbewirtschaftung

Der Umgang mit Regenwasser hat sich in städtischen Gebieten in den vergangen Jahre von einer Behandlung als Abwasser hinzu einer „naturnahen Regenwasserbewirtschaftung" gewandelt. Traditionell werden Siedlungsabwässer möglichst schnell abgeleitet und dem Mischwasserkanalnetz zugeführt (Wasserwirtschaftsamt Hof). Dies birgt jedoch ökologische und ökonomische Nachteile, auf die im Folgenden eingegangen wird. Gerade in einem Gebiet mit einem hohen Versiegelungsrad wie in der Emscher-Region (durchschnittlich 21 %, Spitzenwerte bis zu 50 %) führt dies zunehmend zu Konflikten. Mit der „Zukunftsvereinbarung Regenwasser" haben sich im Jahre 2005 die Städte des Emschergebietes, das Umweltministerium Nordrhein-Westfalens und die Emschergenossenschaft vorgenommen, in den nächsten 15 Jahren durch Abkopplungsmaßnahmen 15 % weniger Regenwasser in die Kanalisation zu leiten. Dieses Wasser gelangt nicht mehr unnötig in die Kläranlagen, sondern wird dem natürlichen Wasserkreislauf zugeführt (Emschergenossenschaft).

3.1 Problemstellung

Die ökologischen Nachteile bei der Siedlungsentwässerung entstehen in erster Linie durch die Flächenversiegelung, durch welche der natürliche Wasserhaushalt gestört wird. In Abb. 3 ist zur Verdeutlichung die Wasserbilanz einer Siedlung und der natürlichen Umgebung gegenübergestellt.

<u>Abb. 3: Wasserbilanz einer Siedlung und der Natur</u>

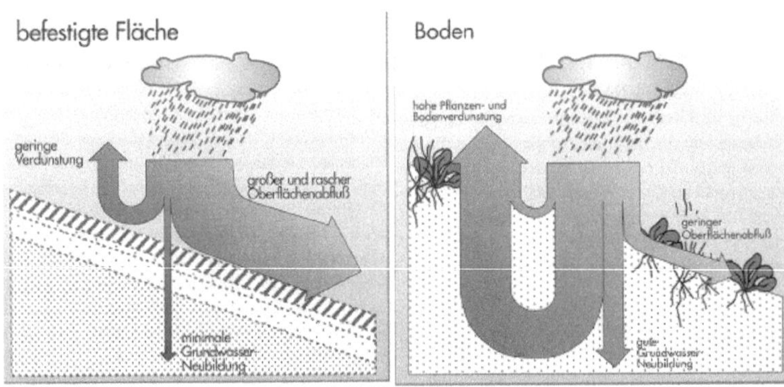

Quelle: Wasserwirtschaftsamt Hof

Bei der befestigten Fläche kann kaum Wasser versickern und somit erhöht sich der Oberflächenabfluss gegenüber der natürlichen Umgebung. Die Verdunstung ist durch den raschen Abfluss geringer und die Grundwasserneubildung wird stark beeinträchtigt. Dies kann auch zu Beeinträchtigung naher Gewässer durch Verschmutzungen, Hochwasserereignisse und punktuelle Einleitungen führen. Bei wenig Niederschlag trocknen Flüsse und Bäche schneller aus. Durch die erhöhten Abflussmengen entstehen auch höhere Kosten für das Kanalnetz, die sich letztendlich in den Abwassergebühren niederschlagen (Wasserwirtschaftsamt Hof).

3.2 Bewirtschaftungsarten

Durch dezentrale Regenwasserbewirtschaftungsmaßnahmen wird die Abflussmenge begrenzt bzw. verzögert und somit die Kanalisation und die Klärwerke entlastet. Die Möglichkeiten sind sehr vielfältig und hängen in erster Linie von der Beschaffenheit des Untergrundes, wie zum Beispiel der Wasserdurchlässigkeit (kF-Wert), dem Abstand des Grundwassers zur Oberfläche oder der Geländeneigung, ab (Geiger & Dreiseitl 2001: 75-76). Die einfachste Maßnahme besteht in der Entsiegelung nicht genutzter asphaltierter oder betonierter Flächen. Eine weitere nicht sehr aufwendige Möglichkeit ist die durchlässige Befestigung, wie zum Beispiel offenporige Pflaster oder Rasengittersteine. Deren langfristige Wirkung ist allerdings umstritten. Ist die Möglichkeit dazu gegeben, kann das Regenwasser auch von einer befestigten Fläche auf Grünfläche, oder in Gewässer abgeleitet werden. Dabei muss allerdings beachtet werden, dass der Abfluss nicht zu groß ist. Ein großes Abkopplungspotential bieten begrünte Dächer. Bei einer Neigung von bis zu 25 Grad aufgebracht, können diese Dächer durch die Verdunstung etwas die Hälfte der Niederschlagsmenge zurückhalten (Emschergenossenschaft). In vielen Fällen wird auf eine gespeicherte Versickerung zurückgegriffen. Bei der oberirdischen Speicherung wird das Regenwasser vorübergehend gestaut und versickert anschließend in einer Mulde (Muldenversickerung). Bei der so genannten Rigolenversickerung wird das Wasser in einen unterirdischen Speicher (meist aus Kies oder Kunststoff) geleitet um dort nach und nach zu versickern. Diese Methode wird vor allem bei begrenzten Flächen und undurchlässigen oder kontaminierten Bodenschichten verwendet (Geiger & Dreiseitl 2001: 86 ff.). Nicht zuletzt kann das Regenwasser auch in Speicherbecken und Tonnen gesammelt werden um es für die Gartenbewässerung oder für die Verwendung im Haus oder in der Produktion zu Nutzen (Emschergenossenschaft).

4 Die Route des Regenwassers

Die Route des Regenwassers Ende des Jahres 1998 von der Emschergenossenschaft und dem Umweltministerium Nordrhein-Westfalens (MUNLV-NRW) ins Leben gerufen. Beeinflusst von dem Ziel der IBA Emscher Park die Emscherregion auf ökologischer, wirtschaftlicher, sozialen und kultureller Ebene umzugestalten, wurden aus 45 Bewerbungen 17 Projekte in den IBA- Städten ausgewählt. Die Kriterien dabei waren u.a., die Vielfältigkeit, der Vorbild- und Demonstrationscharakter sowie die freie Zugänglichkeit der Maßnahmen. Darüber hinaus wurden individuelle Ideen und Strategien zu den jeweiligen Nutzungen (Schule, Wohnen, Gewerbe) gewürdigt. In Abb. 4 sind die Standort sowie eine Karte der Projekte zu sehen.

<u>Abb. 4: Die Route des Regenwassers</u>

Quelle: Kaiser 2002: 10 - 11

Die Route des Regenwassers ist kein begehbarer Pfad, vielmehr sollen die einzelnen Projekte in ihrer Umgebung wahrgenommen werden. Mit Hilfe von Fördermitteln (5,11 Mio. €: Land, 1,3 Mio. €: Emschergenossenschaft) wurden alle Projekte von Frühjahr 1999 bis zum Herbst 2001 umgesetzt. 20 % der Kosten müssen von dem Betrieb / der Institution selbst getragen werden. Die Maßnahmen beinhalten die Abkopplung befestigter Flächen, die Versickerung, die Dachbegrünung sowie die Speicherung und Nutzung von Regenwasser (Kaiser 2002: 8 ff). Insgesamt konnten 275.000 m² befestigter Fläche von der Kanalisation entkoppelt werden. Ein Großteil des Niederschlags auf diese Flächen (185.000 m²) wird durch Mulden und Rigolen versickert. Für eine Fläche von 37.500 m² wurden Regenwassernutzungsanlagen errichtet, für 21.000 m² Gewässereinleitungen gebaut und 13.500 m² Dächer begrünt. Der Emschergenossenschaft ging es jedoch nicht nur um die Trennung des Regenwassers vom Kanalnetz, sondern auch um städtebauliche Aspekte wie z.B. die Umgestaltung von Flächen und Freiräumen um das Image und die Lebensqualität der Region zu verbessern. Die Projekte sollen gewerbliche und öffentliche Institutionen aber auch Privatleute dazu animieren, selbst aktiv zu werden und Maßnahmen zur Regenwasserbewirtschaftung zu ergreifen (Stemplewski & Raasch 2002). Anhand von zwei Beispielen soll im Folgenden das Programm näher beleuchtet werden.

4.1 „Hiberniaschule" in Herne

Die Hiberniaschule in Herne ist eine Gesamtschule in freier Trägerschaft (Waldorfpädagogik), an der zahlreiche Werkstätten angeschlossen sind. In der Route des Regenwassers ist sie die Station 3. Die Gesamtfläche des Geländes beträgt etwa 56.000 m² von welcher rund 22.000 m² versiegelt sind. Aufgrund schlechter geohydrologischer Bedingungen (z.B. Staunässe, anthropogene Überformung) konnten nur etwa 5.100 m² abgekoppelt werden. Allerdings standen hier auch nicht die Versickerung, sondern die Nutzung und die gestalterische Einbindung des Regenwassers im Vordergrund. Abb. 5 zeigt die getroffenen Maßnahmen anhand einer Karte.

<u>Abb. 5: Karte Hiberniaschule</u>

Quelle: Kaiser 2002: 21

Wie in der Abbildung zu sehen ist, konnten nicht alle Dächer begrünt bzw. von der Kanalisation entkoppelt werden. Die entkoppelten Dächer sind allerdings an Regenwasserzisternen angeschlossen, die für die Toilettenspülung genutzt werden. Für die Nutzung von Regenwasser konnte so eine Fläche von 3.100 m² abgekoppelt werden. Die Gestaltung des Eingangsbereichs im Norden des Geländes ist in Abb. 6 zu sehen.

Quelle: Wikimedia Foundation Inc. 2008

Im Vordergrund befinden sich Versickerungsmulden, in welchen das Wasser bei stärkeren Regenereignissen von dem darüber liegendem Staubecken abgeleitet wird und versickern kann. Das Staubecken wird wiederum durch die entkoppelten Wege gespeist. Viele planerische und vor allem gestalterische Elemente wurden von den Schülern mitbestimmt und entwickelt. So wurden beispielsweise die offenen Kaskadenschalen („Hibernia Forms") im oberen Eingangsbereich in den Werkstätten von den Schülern selbst erstellt (Abb. 7). Etwa ein Drittel der Baumaßnahmen wurden durch Eigenleistungen realisiert.

Abb. 7: „Hibernia Forms" im Eingangsbereich

Quelle: Kaiser 2002: 22

Die Baukosten für das Projekt beliefen sich insgesamt auf etwa 300.000 €. Der Eigenanteil bei der Finanzierung wird mittelfristig durch die Einsparungen bei den Abwassergebühren kompensiert (Kaiser 2002: 20 ff).

4.2 „Betriebshof EUV" in Castrop-Rauxel

Eine völlig andere Ausgangslage zeigt die 2. Station der Route, der Betriebshof EUV in Castrop-Rauxel. Hier betrug der Versiegelungsgrad der 20.700 m² großen Fläche fast 100 %. Bei dem Gelände handelt es sich um eine brach gefallene Gewerbefläche der Firma Bölling. Im Zuge der ohnehin anfallenden Umbaumaßnahmen sollte die Fläche so umgestaltet werden, dass kein Regenwasser mehr in die Kanalisation geleitet wird. In unmittelbarer Nähe des Standortes befindet sich der Landwehrbach, der zuvor etwa ein Drittel des Abflusse aufgenommen hat. Aufgrund des durch Bauschuttauffüllungen gekennzeichneten und gering wasserdurchlässigen Bodens, hat man sich entschieden, das Regenwasser gedrosselt in den Landwehrbach abzuleiten. Abb. 8 verschafft einen Überblick über die durchgeführten Maßnahmen.

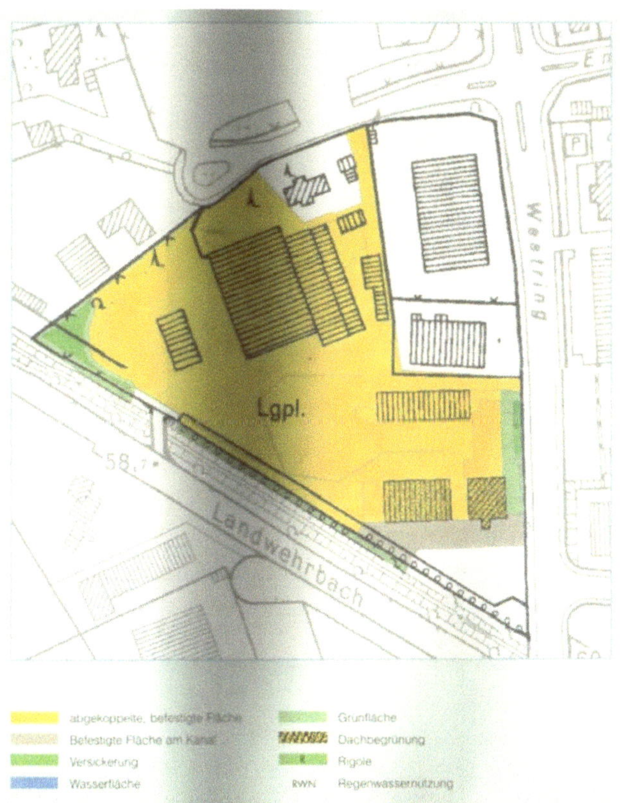

Quelle: Kaiser 2002: 17

An den Randbereichen wurde ein Mulden-Rigolen-System (grüne Signatur) zu Demonstrationszwecken errichtet. Darüber hinaus gibt es eine 100 m³, durch Teile Dachflächenwassers gespeiste Regenwassernutzungsanlage, welche die Spülfahrzeuge des Betriebshofs versorgen soll. Der Großteil des Regenwassers wird jedoch von der der befestigten Fläche und den Dächern über Kastenrinnen und flach verlegten Leitungen in ein naturnah gestaltetes Rückhaltebecken geleitet, um von dort nach und nach dem Bach zugeführt zu werden (Abb.9).

Quelle: Kaiser 2002: 19

Das Rückhaltebecken hat ein Volumen von 420 m³ und ist somit auch für starke Regenereignisse ausreichend dimensioniert. Bei den Kastenrinnen muss allerdings auf stetige Reinigung geachtet werden, damit es nicht zu Verstopfungen kommt. Insgesamt hat das Projekt 160.000 € gekostet und es konnten 15.600 m² der versiegelten Fläche entkoppelt werden.

4.3 „Bauverein" in Lünen

Das letzte Beispiel bilden die Wohnsiedlungen „Im Grubenfeld" und „Harkortweg", die zum Bestand des „Bauvereins zu Lünen" gehören. Die drei – bis viergeschossigen Gebäude wurden in den 50er Jahren errichtet und sind durch die aufgelockerte Bauweise mit großzügigen Grünflächen gekennzeichnet. Die Gesamtfläche beträgt etwa 45.000 m², während die versiegelte Fläche nur etwa 17.500 m² groß ist. Dies lässt sich auch gut in der Karte (Abb. 10) erkennen.

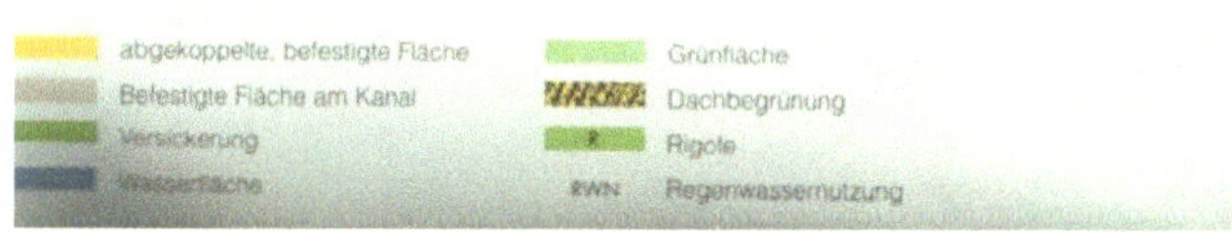

Quelle: Kaiser 2002: 69

Die Freiflächen eignen sich zwar prinzipiell zur Versickerung, allerdings weisen die anstehenden Böden nur eine geringe Versickerungsleistung auf. Aus diesem Grund wurden breite Mulden angelegt, die jedoch die Nutzungsmöglichkeiten nicht einschränken. Dadurch konnten offene Rinnen errichtet werden, die das Regenwasser von fast allen Gebäudedächern in de Grünflächen geleitet (Abb. 11).

<u>Abb. 11: Offene Rinne zur Entwässerung der Dächer</u>

Quelle: Eigenes Foto vom 29.10.2008

Durch die Versickerungsflächen konnte insgesamt eine Fläche von 9.500 m² abgekoppelt werden. Zusätzlich zu den Versickerungsmulden wurden auch noch Dachbegrünungen an den Garagen vorgenommen, die bei den Bewohnern auf regen Zuspruch treffen. Diese Maßnahme ist in Abb. 12 zu sehen.

<u>Abb. 12: Dachbegrünung an den Garagen</u>

Quelle: Emschergenossenschaft

Die abgekoppelte Fläche bei den Garagen beträgt 1.500 m². Das gesamte Projekt kostete etwa 320.000 €, allerdings gab es auch einige Schwierigkeiten in der Umsetzung aufgrund von Bergsenkungen und unvollständigen Bestandsplänen.

5 Fazit

Die Route des Regenwassers ist sowohl aus ökologischer als auch aus ökonomischer Sicht ein sinnvolles Projekt. Dem Boden wird wieder mehr Wasser zugeführt und das natürliche Gleichgewicht des Grundwassers wiederhergestellt. Gleichzeitig sinken die Abwasserkosten, da dass meist saubere Regenwasser sich nicht mit dem dreckigen Abwasser aus Haushalt und Industrie vermischt und gereinigt werden muss. Die Projekte haben Vorbildstatus und zeigen auf, wie eine naturnahe Regenwasserbewirtschaftung realisiert werden kann und funktioniert. Allerdings müssen die Anlagen auch instand gehalten werden: schmale Wasserrinnen sind rasch von Bewuchs befallen, Rückhalteflächen von Baumschösslingen bewachsen und Rigolen verstopft. Darüber hinaus können solche Projekte nur einen Anstoß für weitere Maßnahmen geben, die auch von Privatpersonen und Gewerben durchgeführt bzw. in Auftrag gegeben werden. Die Ziele der Zukunftsvereinbarung Regenwasser sind in einigen, dicht besiedelten Bereichen nicht zu erreichen. Ein guter Ansatz ist es, bei ohnehin fälligen Kanalnetzsanierungen direkt Maßnahmen zur Abkopplung versiegelter Flächen umzusetzen. Auch beim Neubau von Gebäuden und Anlagen könnten die Erkenntnisse der Regenwasserbewirtschaftung angewendet werden.

Literaturverzeichnis

Emschergenossenschaft (Hg.) 2008: Daten und Fakten (Broschüre)

Emschergenossenschaft (Hg.) 2006: Geschäftsbericht 2006/2007. Essen

Emschergenossenschaft (Hg) (o.J.): Regen auf richtigen Wegen
http://www.emscher-regen.de/index.php [31.10.2008]

Geiger, Wolfgang; Dreiseitl, Herbert 2001: Neue Wege für das Regenwasser:
Handbuch zum Rückhalt und zur Versickerung von Regenwasser in Baugebie-
ten. 2. Aufl. München.

Kaiser, Mathias 2002: Die Route des Regenwassers. Essen

Kreisverwaltung Recklinghausen (Hg.) (o.J.): Untere Wasserbehörde
http://www.kreis-re.de/default.asp?asp=showschlagw&zae=638 [31.10.2008]

Stemplewski, J.; Raasch, U. 2002: Die Route des Regenwassers. Eine Fluss-
gebietsweise Initiative. In: awt/wwt

Wasserwirtschatsamt Hof (Hg.) (o.J.): Umwelttipps für den Umgang mit Wasser
für Hausbesitzer
http://www.wwaho.bayern.de/umwelttipps/hausbesitzer/index.htm [31.10.2008]

Wikimedia Foundation Inc. (Hg.) 2008: Hiberniaschule
http://de.wikipedia.org/wiki/Hiberniaschule [31.10.2008]

Abbildungsverzeichnis